ABHANDLUNGEN DER DEUTSCHEN AKADEMIE
DER WISSENSCHAFTEN ZU BERLIN

Klasse für Mathematik, Physik und Technik
Jahrgang 1956, Nr. 8

ROLF SEIWERT

DAS ABKLINGEN DER LUMINESZENZ DER KRISTALLPHOSPHORE VOM ZnS-TYP

1957

AKADEMIE-VERLAG · BERLIN

Vorgelegt von Hrn. R. Rompe in der Gesamtsitzung vom 14. Juni 1956
Zum Druck genehmigt am gleichen Tage, ausgegeben am 25. Februar 1957

Erschienen im Akademie-Verlag GmbH, Berlin W 8, Mohrenstraße 39
Lizenz-Nr. 202 · 100/146/57
Satz, Druck und Bindung: IV/2/14-VEB Werkdruck Gräfenhainichen-686
Bestell- und Verlagsnummer: 2001/56/I/8
Preis: DM 4,30
Printed in Germany

Inhaltsverzeichnis

Das Abklingen der Lumineszenz der Phosphore vom ZnS-Typ wird auf Grund des RIEHL-SCHÖNschen Modells behandelt. Dabei wird zunächst angenommen, daß nur Haft- und Aktivatorterme jeweils in einem bestimmten Abstand vom Leitfähigkeitsband bzw. vom Valenzband vorhanden sind und daß keine strahlungslosen Übergänge stattfinden. Dann wird untersucht, wie sich andere Hafttermverteilungen und das Auftreten von strahlungslosen Übergängen auf das Abklingen auswirken. Gleichzeitig wird auf die Zusammenhänge und Unterschiede zwischen den verschiedenen Theorien des Abklingens hingewiesen.

1. Einführung

Zur Erklärung des Abklingens der Lumineszenz von Sulfidphosphoren sind verschiedene Theorien entwickelt worden. Dabei wurde besonders das Ziel verfolgt, ein hyperbolisches Abklinggesetz für die Phosphoreszenzintensität zu finden, bei dem der Exponent etwa zwischen 0,5 und 2,5 liegt; denn bei zahlreichen Experimenten hatte sich eine solche Abhängigkeit der Intensität des ausgestrahlten Lichtes von der Zeit ergeben. Bereits von BECQUEREL[1]) wurde bei seinen Untersuchungen der Photolumineszenz ein derartiges Abklingen beobachtet. In dieser Arbeit sollen nun zunächst die Differentialgleichungen für die Konzentrationen der Elektronen und der Defektelektronen in der Weise vereinfacht werden, wie dies von ADIROWITSCH[2]) bei seinen Berechnungen getan worden ist. Hierbei werden nur Haftterme und Aktivatorterme in einem bestimmten Abstand vom Leitfähigkeitsband bzw. vom Valenzband berücksichtigt und die strahlungslosen Übergänge vernachlässigt. Dann wird der Einfluß anderer Hafttermverteilungen und schließlich der der strahlungslosen Übergänge auf das Abklingen untersucht. Gleichzeitig wird gezeigt, welche Annahmen den verschiedenen Theorien des Lumineszenzabklingens zugrunde liegen.

Durch eine Ausdehnung der Betrachtungen auf die Leitfähigkeit würde der Rahmen zu weit gespannt werden, ebenfalls durch die Einbeziehung der Thermolumineszenz. Die Beschränkung der Erörterungen auf die Kristalle vom ZnS-Typ gestattet es, das Bändermodell mit den für die Erklärung der Lumineszenz nötigen Erweiterungen zur Grundlage der theoretischen Ansätze zu machen.

2. Das RIEHL-SCHÖNsche Modell und die Reaktionskinetik

Zunächst sollen die einzelnen Prozesse, die für die Lumineszenzerscheinungen von Bedeutung sind, im Rahmen des Bändermodells in der von RIEHL und SCHÖN[3]) erweiterten Form beschrieben werden (s. Abb. 1).

Durch die Absorption eines Lichtquants einer Wellenlänge, die kleiner ist als die Grenzwellenlänge der Grundgitterabsorption, wird ein Elektron in das L-Band (Leitfähigkeitsband) gebracht und im V-Band (Valenzband) bleibt ein Defektelektron („Loch") zurück. In einem gegenüber der Breite der verbotenen Zone kleinen energetischen Abstand vom L-Band befinden sich lokalisierte Terme, die Haftterme (Konzentration N_H^o), von denen angenommen wird, daß sie zunächst nicht mit Elektronen besetzt sind. Die Elektronen im L-Band, deren Konzentration mit n_L^e bezeichnet wird, können nun in die Haftterme fallen (Übergang LH) und thermisch wieder ins L-Band gehoben werden (Übergang HL). Nach

[1]) E. BECQUEREL, La Lumière, ses Causes et ses Effets, Bd. 1, Paris 1867.
[2]) E. I. ADIROWITSCH, Einige Fragen zur Theorie der Lumineszenz der Kristalle, S. 119ff., Berlin 1953.
[3]) N. RIEHL und M. SCHÖN, Z. Physik 114, 682 (1939).

Schön[4]) muß weiter die Möglichkeit in Betracht gezogen werden, daß die Elektronen in den Hafttermen (Konzentrationen n_H^e) auch mit den Defektelektronen im V-Band rekombinieren können (Übergang HV). Die Haftterme sollen nur so lange den Charakter metastabiler Niveaus behalten, wie die Konzentration der Defektelektronen im V-Band (n_V^o) sehr klein ist. Gerade diese Übergänge (HV) sollen nach Schön strahlungslos erfolgen. Ob man tatsächlich die strahlungslosen Übergänge in dieser Weise in die Reaktionskinetik einbeziehen kann, dürfte noch nicht als gesichert anzusehen sein. Doch dürften die strahlungslosen Übergänge nach den bisherigen Ergebnissen der theoretischen Behandlung dieser Prozesse jedenfalls an Störstellen des Gitters stattfinden. Der zum Übergang HV inverse Prozeß, der Übergang eines Elektrons aus dem V-Band in einen Haftterm, besitzt wegen des großen energetischen Abstandes der Haftterme vom V-Band nur eine geringe Wahrscheinlichkeit.

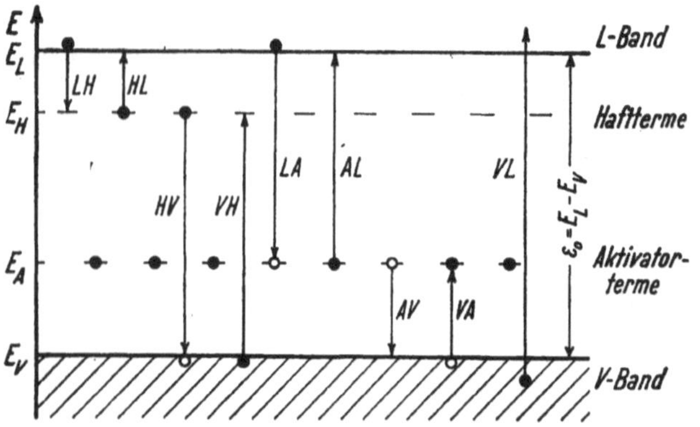

Abb. 1. Das Riehl-Schönsche Modell

In dem Riehl-Schönschen Modell befinden sich außerdem in nicht allzu weitem energetischen Abstand vom L-Band die Aktivatorterme (Konzentration N_A^e), die alle zunächst mit Elektronen besetzt sein sollen. Ein Defektelektron kann nun aus dem V-Band in einen Aktivatorterm geraten (Übergang VA), was der Ionisation eines Aktivators entspricht, und aus diesem wieder thermisch befreit werden, so daß es ins V-Band zurückkehren kann (Übergang AV). Außerdem besteht die Möglichkeit, daß ein Elektron des L-Bandes mit einem Defektelektron in einem Aktivatorterm rekombiniert (Übergang LA) oder — anders ausgedrückt — von einem ionisierten Aktivator eingefangen werden. Dieser Prozeß ist mit einer Lumineszenzaussendung verbunden. Der inverse Prozeß, der Übergang AL eines Elektrons aus einem Aktivatorterm in das L-Band, ist wegen des großen energetischen Abstandes zwischen den Aktivatortermen und dem L-Band sehr unwahrscheinlich.

Für die erläuterte Reaktionskinetik läßt sich nun folgendes System von Bilanzgleichungen, vier simultanen Differentialgleichungen, aufstellen:

$$\frac{dn_L^e}{dt} = -B_{LH}^e n_L^e (N_H^o - n_H^e) + M_{HL}^e n_H^e - B_{LA}^e n_L^e n_A^o + M_{AL}^e (N_A^e - n_A^o) + Z \qquad (2,1a)$$

$$\frac{dn_H^e}{dt} = +B_{LH}^e n_L^e (N_H^o - n_H^e) - M_{HL}^e n_H^e + M_{HV}^o (N_H^o - n_H^e) - B_{HV}^e n_H^e n_V^o \qquad (2,1b)$$

$$\frac{dn_A^o}{dt} = -B_{LA}^e n_L^e n_A^o + M_{AL}^e (N_A^e - n_A^o) - M_{AV}^o n_A^o + B_{VA}^o n_V^o (N_A^e - n_A^o) \qquad (2,1c)$$

$$\frac{dn_V^o}{dt} = +M_{HV}^o (N_H^o - n_H^e) - B_{HV}^e n_H^e n_V^o + M_{AV}^o n_A^o - B_{VA}^o n_V^o (N_A^e - n_A^o) + Z. \qquad (2,1d)$$

Dabei lassen die Indizes bei den Koeffizienten erkennen, zwischen welchem Band und welchen Termen die Übergänge stattfinden und ob sie sich auf ein Elektron (e) oder ein Defektelektron (o) beziehen. Der Buchstabe „M" wird bei einer „monomolekularen Reaktion", der Buchstabe „B" bei einer „bimolekularen Reaktion" verwendet. Z ist die Zahl der pro cm³ und sec durch Absorption von Lichtquanten ins L-Band gehobenen Elektronen

[4]) M. Schön, Ann. Physik (6) **3**, 333 (1948); Z. Naturforschg. **6a**, 251 (1951).

und im V-Band entstehenden Defektelektronen. Zu den Gleichungen tritt noch die Neutralitätsbedingung hinzu:

$$n_L^e + n_H^e = n_A^o + n_V^o . \quad (2,1\text{e})$$

Sowohl die Haftstellen als auch die Aktivatoren besitzen in dem erläuterten Modell nur je eine Termgruppe in einem bestimmten energetischen Abstand vom L-Band bzw. vom V-Band. Ohne Schwierigkeiten läßt sich jedoch das Modell durch weitere Termgruppen in der verbotenen Zone und das Gleichungssystem durch die Einfügung der entsprechenden Summanden und Differentialgleichungen ergänzen.

3. Das Abklingen bei einer Haft- und einer Aktivatortermtiefe und Vernachlässigung der strahlungslosen Übergänge

Zum Ausgangspunkt der Diskussion des Problems des Lumineszenzabklingens soll folgendes Gleichungssystem gemacht werden, das auch ADIROWITSCH[2]) seiner Theorie zugrunde gelegt hat:

$$\frac{dn_L^e}{dt} = - B_{LH}^e n_L^e (N_H^o - n_H^e) + M_{HL}^e n_H^e - B_{LA}^e n_L^e n_A^o , \quad (3,1\text{a})$$

$$\frac{dn_H^e}{dt} = + B_{LH}^e n_L^e (N_H^o - n_H^e) - M_{HL}^e n_H^e , \quad (3,1\text{b})$$

$$\frac{dn_A^o}{dt} = - B_{AL}^e n_L^e n_A^o , \quad (3,1\text{c})$$

$$n_L^e + n_H^e = n_A^o . \quad (3,1\text{d})$$

ADIROWITSCH nimmt also an, daß die Konzentration n_V^o der Defektelektronen im V-Band gegenüber n_L^e, n_H^e und n_A^o so klein ist, daß sie nicht berücksichtigt zu werden braucht. Eine notwendige Bedingung hierfür ist, daß die Aktivatorterme weiter vom oberen Rand des V-Bandes entfernt sind als die Haftterme vom unteren Rand des L-Bandes. Die Vernachlässigung von n_V^o gegenüber n_L^e steht im Einklang mit den Ergebnissen von Hall-Effekt-Messungen[5])[6]); aus diesen geht hervor, daß die Photoleitung bei Kristallphosphoren vom ZnS-Typ durch negative Ladungsträger bewirkt wird. Bei der Verwendung des Gleichungssystems 3,1 a bis d wird vorausgesetzt, daß die Haftstellen und Aktivatoren nur Terme jeweils in einem bestimmten Abstand vom L- bzw. V-Band besitzen und daß keine strahlungslosen Übergänge auftreten. In die Gleichungen sind außerdem nicht die Übergänge von Elektronen aus den Aktivatortermen ins L-Band und aus dem V-Band in die Haftstellen einbezogen worden, die wegen des großen energetischen Abstandes ohnehin als sehr unwahrscheinlich angesehen werden müssen, worauf bereits hingewiesen worden ist.

Die Auswertung des Gleichungssystems ergibt, daß folgende 3 Abschnitte des Abklingens der Lumineszenz unterschieden werden müssen:

1. das spontane Nachleuchten[7]),
2. ein Übergangsgebiet und
3. die Phosphoreszenz.

Im angeregten Sulfidphosphor stellen die Elektronen im L-Band und in den Hafttermen einen Energiespeicher dar, der sich während des Abklingens entleert. Während des spontanen Nachleuchtens rekombinieren die Elektronen im L-Band mit den Defektelektronen in den Aktivatortermen, ohne daß dabei eine merkliche Nachlieferung von Elektronen aus

[5]) H. DIEDRICH, Ann. Physik (6), **13**, 349 (1953).
[6]) F. A. KRÖGER, H. J. VINK und J. VAN DEN BOOMGARD, Z. physik. Chemie **203**, 1 (1954).
[7]) Bezeichnungsweise nach N. RIEHL, Physik und technische Anwendungen der Lumineszenz, Berlin 1941.

den Haftstellen erfolgt. Dagegen kommen bei der Phosphoreszenz die Elektronen, die unter Ausstrahlung in die leeren Aktivatorterme fallen, aus den Haftstellen; dieser Abschnitt des Abklingens ist daher stark temperaturabhängig. Während beim spontanen Nachleuchten

$$\frac{dn_H^e}{dt} \ll \frac{dn_L^e}{dt} \tag{3,2a}$$

ist, gilt für die Phosphoreszenz das Umgekehrte:

$$\frac{dn_H^e}{dt} \gg \frac{dn_L^e}{dt}. \tag{3,2b}$$

Außerdem ist in diesem Abschnitt des Abklingens immer

$$n_H^e \gg n_L^e. \tag{3,2c}$$

Im Übergangsgebiet sind die zeitlichen Änderungen der Konzentrationen der Elektronen im L-Band und in den Haftstellen von gleicher Größenordnung; die Ungleichung **3,2 c** ist dort ebenfalls stets erfüllt. Auf welchen Bruchteil der Anfangsintensität die Lumineszenz innerhalb des ersten und zweiten Abschnittes des Abklingens absinkt, hängt von der Größe der Koeffizienten M_{HL}^e, B_{LH}^e und B_{LA}^e sowie der Konzentration der Haftstellen und Aktivatoren und dem anfänglichen Anregungsgrad des Phosphors ab.

a) Das spontane Nachleuchten

In diesem ersten Teil des Abklingens vereinfacht sich wegen der Ungleichung **3,2 a** die Gl. 3,1 a folgendermaßen (Einsetzen von Gl. 3,1 d):

$$\frac{dn_L^e}{dt} = -B_{LA}^e n_L^e n_A^o = -B_{LA}^e n_L^e (n_L^e + n_H^e). \tag{3,3}$$

Daraus erhält man die beiden Abklinggesetze (I = Zahl der pro cm³ und sec emittierten Lichtquanten):

$$\text{I. } n_L^e \ll n_H^e = N_H^o \qquad I = I_0 e^{-B_{LA}^e N_H^o t}. \tag{3,4a}$$

$$\text{II. } n_L^e \gg n_H^e \qquad I = \frac{I_0}{(1 + \sqrt{I_0 B_{LA}^e}\, t)^2}. \tag{3,4b}$$

Obwohl der mit der Ausstrahlung verbundene Prozeß bimolekular verläuft, ergibt sich im Fall I doch ein exponentielles und kein hyperbolisches Gesetz. Der Grund hierfür ist die ungleiche Anzahl der Reaktionspartner. Mehrfach ist an Sulfid- und Silikatphosphoren zu Beginn des Abklingens eine exponentielle Abhängigkeit von der Zeit gefunden worden.[2])

Es muß nun erörtert werden, ob die Annahme II, unter der ein hyperbolisches Abklingen auftritt, erfüllt sein kann, ohne daß die Bedingung für die Verwendung des vereinfachten Gleichungssystems 3,1 a bis d, nämlich $n_L^e \ll n_V^o$, verletzt ist. Unter der bisherigen Voraussetzung, daß nur ein Haftstellenniveau vorhanden ist, kann das offensichtlich nur dann der Fall sein, wenn N_A^e so groß gegenüber N_H^o ist, daß alle Defektelektronen in den Aktivatortermen untergebracht werden können und sich nur sehr wenige im V-Band befinden. Es muß also $N_A^e \geq N_H^o + (n_L^e)_0$ ($(n_L^e)_0$ Anfangskonzentration der Elektronen im L-Band) sein. Sonst muß von den ausführlichen Gln. 2,1 a bis e ausgegangen werden. Es läßt sich jedoch leicht übersehen, durch welche Gleichung das spontane Nachleuchten dann im Fall $N_A^e = N_H^o$ beschrieben werden kann. Wenn vorausgesetzt wird, daß wiederum keine strahlungslosen Übergänge auftreten und daß außerdem die Nachlieferung von Defektelektronen aus dem V-Band so rasch erfolgt, daß n_A^o stets (während des spontanen Nachleuchtens) gleich $N_A^e = N_H^o$ bleibt, so sollte das Abklingen exponentiell verlaufen, und zwar nach Gl. **3,4 a**. Falls die strahlungslosen Übergänge bei weitem überwiegen und in der von SCHÖN[4]) vorgeschlagenen Weise in den Reaktionsmechanismus einbezogen werden, so ist wiederum ein exponentielles Abklinggesetz von der Form der Gl. 3,4 a zu erwarten; in dieser Gleichung müßte dann jedoch der Rekombinationskoeffizient B^e_{LA} durch B^e_{HV} ersetzt werden. Vorausgesetzt wird in diesem Fall, daß die Elektronen aus dem L-Band schnell genug in Haftterme übergehen, damit n^e_H immer gleich N^o_H ist.

Broser und Broser-Warminsky[8]) vertreten die Auffassung, daß gewöhnlich $N^o_H \approx N^e_A$ ist; hierauf wird noch in Abschnitt d eingegangen werden. Unter dieser Voraussetzung kann aber, worauf gerade hingewiesen worden ist, das Abklingen überhaupt nicht nach Gl. 3,4 b erfolgen, wenn nur ein Haftstellenniveau vorhanden ist. Nun haben Broser und Broser-Warminsky[9]) und Niekisch[10]) bei der Auswertung ihrer Experimente an CdS Hafttermverteilungen gefunden. Besonders bei den von Niekisch publizierten Kurven zeigt sich sehr deutlich, daß die Termdichte mit dem Abstand vom L-Band sehr stark abnimmt; außerdem treten noch in gewissen energetischen Abständen vom L-Band einzelne Hafttermgruppen (Breite etwa 0,05 bis 0,1 eV) auf. Riehl und Ortmann[11]) haben bei ihren Thermolumineszenz-Untersuchungen an ZnS dicht unterhalb des L-Bandes ein Hafttermniveau festgestellt. Unter solchen Umständen ist es durchaus möglich, daß bereits bei Zimmertemperatur die Konzentration der Elektronen in den Hafttermen wesentlich kleiner ist als die Haftstellenkonzentration und daß sich auch unter der Bedingung $N^e_A = N^o_H$ innerhalb eines gewissen Zeitintervalls ein hyperbolisches Abklingen ergibt.

Im Zusammenhang mit der Diskussion der Gl. 3,4 b ist noch eine Abschätzung der Elektronenkonzentration im L-Band bei einer bestimmten Bestrahlungsstärke von Interesse. Hierzu muß der Rekombinationskoeffizient B^e_{LA} bekannt sein.

Aus den An- und Abklingmessungen, die de Groot[12]) an ZnS(Cu) durchgeführt hat, läßt sich abschätzen, daß B^e_{LA} zwischen 10^{-12} und 10^{-14} cm³ · sec⁻¹ liegt, wenn für $\lambda = 3150$ Å die von Mollwo[13]) an dünnen ZnS-Schichten gefundene Absorptionskonstante $K = 2{,}5 \cdot 10^5\,\text{cm}^{-1}$ eingesetzt wird und für $\lambda = 3700$ Å 10 bis 100 cm⁻¹. Bei der Ermittlung von B^e_{LA} wird von der Gleichung

$$\frac{d n^e_L}{dt} = Z - B^e_{LA} (n^e_L)^2 \qquad (3{,}3\,\text{I})$$

ausgegangen. Eine notwendige Voraussetzung für ihre Gültigkeit ist offensichtlich: $n^e_L \gg n^e_H$. Die Bestrahlungsstärke war bei den Experimenten zwar groß, aber es erscheint doch zweifelhaft — jedenfalls bei der Anregung im Ausläufer —, ob die Ungleichung erfüllt ist. Broser und Broser-Warminsky[8]) sind der Meinung, daß der von ihnen aus den Messungen von de Groot für B^e_L ermittelte Wert von 10^{-13} cm³ · sec⁻¹ „mit ziemlicher Sicherheit" zutrifft. Dagegen hält Adirowitsch[2]) eine Auswertung der experimentellen Ergebnisse von de Groot in der dargelegten Weise anscheinend für unzulässig und vertritt die Auffassung, daß B^e_{LA} von der Größenordnung 10^{-8} cm³ · sec⁻¹ ist. Dieser Wert ist von Mott und Gurney[14]) als obere Grenze für den Rekombinationskoeffizienten abgeschätzt worden. Die beiden Autoren haben $B^e_{LA} = q \cdot v$ gesetzt; dabei ist v die mittlere Geschwindigkeit der Elektronen im L-Band (10^7 cm · sec⁻¹) und q der (geometrische) Querschnitt der Aktivatoren (10^{-15} cm²). Nach Schön[15]) soll B^e_{LA} gleich 10^{-14} cm³ · sec⁻¹ sein. Auf Grund von Leitfähigkeitsmessungen hat Niekisch[10]) B^e_{LA} zu 10^{-11} bis 10^{-12} cm³ · sec⁻¹ abgeschätzt.

---

[8]) I. Broser und R. Broser-Warminsky, Ann. Physik (6), **16**, 361 (1955).
[9]) I. Broser und R. Broser-Warminsky, J. Appl. Physics, Suppl. **4**, 90 (1955).
[10]) E. A. Niekisch, Ann. Physik (6), **15**, 288 (1955).
[11]) N. Riehl und H. Ortmann, Z. Naturforschg., **10 a**, 896 (1955).
[12]) W. de Groot, Physica **6**, 275 (1939).
[13]) E. Mollwo, Reichsber. Physik **1**, 1 (1944).
[14]) N. F. Mott und R. W. Gurney, Electronic Processes in Ionic Crystals, S. 217, Oxford 1950.
[15]) M. Schön, Physica **20**, 930 (1954).

Nimmt man nun an, die Bestrahlungsstärke betrage 0,3 W/cm^2 ($\lambda = 3150$ Å), so liegt die Zahl Z der pro cm^3 und sec absorbierten Quanten in der Größenordnung von 10^{23}. Mit $B^e_{LA} = 10^{-13}\ cm^3 \cdot sec^{-1}$ ergibt sich dann im stationären Zustand $n^e_L = \sqrt{Z/B^e_{LA}} \approx 10^{18}$ Elektronen/cm^3. Bei der Abschätzung wird vorausgesetzt, daß $n^e_H \ll n^e_L < n^o_A$ ist. Da für Haftstellenkonzentrationen eine Größenordnung von $10^{16}\ cm^{-3}$ wohl in vielen Fällen zutreffen dürfte, besteht nach der vorangegangenen Abschätzung die Möglichkeit, daß bei sehr großen Bestrahlungsstärken, wozu 0,3 W/cm^2 bereits gerechnet werden muß, eine Elektronenkonzentration im L-Band erreicht wird, die größer ist als die Haftstellenkonzentration.

b) *Die Phosphoreszenz*

Aus Gl. 3,1a ergibt sich wegen der für die Phosphoreszenz charakteristischen Ungleichung 3,2*b* für die Elektronen im L-Band nach ADIROWITSCH die „quasistationäre Konzentration"

$$n^e_L = \frac{M^e_{HL} n^e_H}{B^e_{LA} n^o_A + B^e_{LH} (N^o_H - n^e_H)} . \tag{3,5}$$

Die mittlere Aufenthaltdauer eines Elektrons in einer Haftstelle ist $t_H = (M^e_{HL})^{-1}$ und die im L-Band $t_L = [B^e_{LA} n^o_A + B^e_{LH} (N^o_H - n^e_H)]^{-1}$. Wegen $n^e_L \ll n^e_H$ (Gl. 3,2c) folgt aus der Neutralitätsbedingung (Gl. 3,1d)

$$n^e_H \approx n^o_A .$$

Setzt man $\frac{B^e_{LH}}{B^e_{LA}} = \gamma$, so hat diese Größe die Bedeutung des Verhältnisses der Einfangquerschnitte für Elektronen durch die Haftstellen und durch die Aktivatoren. ADIROWITSCH bezeichnet γ als „Hauptparameter der Phosphoreszenz". Wenn außerdem noch folgende dimensionslosen Größen

$$J = \frac{I}{M^e_{HL} N^o_H}, \quad \vartheta = M^e_{HL} t \quad \text{und} \quad \mu = \frac{n^o_A}{N^o_H} \approx \frac{n^e_H}{N^o_H} \tag{3,6}$$

eingeführt werden, so erhält man (s. Gln. 3,5 und 3,1c; $\mu = 1$ für $t = 0$):

$$J = -\frac{d\mu}{d\vartheta} = \frac{\mu^2}{\gamma + (1-\gamma)\mu} \tag{3,7a}$$

$$\vartheta = (1-\gamma) \ln \frac{1}{\mu} + \gamma \left(\frac{1}{\mu} - 1\right). \tag{3,7b}$$

Für den Fall $\gamma = 0$, in dem kein Wiedereinfang der aus den Haftstellen befreiten Elektronen stattfindet, läßt sich das Abklinggesetz unmittelbar angeben:

$$I = I_0 e^{-M^e_{HL} t}. \tag{3,8}$$

Außerdem erhält man sofort für $\gamma = 1$:

$$I = \frac{I_0}{\left(1 + \sqrt{\frac{M^e_{HL}}{N^o_H} I_0 t}\right)^2} . \tag{3,9}$$

ADIROWITSCH hat nun J für verschiedene γ-Werte als Funktion von $(1 + \vartheta)$ numerisch berechnet und die Ergebnisse in doppeltlogarithmischem Maßstab aufgetragen. Für $\gamma > 1$ nimmt der Absolutwert der Steigung der Kurven lg J über lg $(1 + \vartheta)$ innerhalb eines sehr kleinen ϑ-Bereiches sehr stark ab und bleibt dann nach den Angaben von ADIROWITSCH über etwa 2 Größenordnungen konstant. Das Abklingen kann innerhalb dieses Zeitabschnitts offensichtlich durch die Gleichung

$$I \sim J = \frac{\text{const}}{(1 + \vartheta)^\alpha} \tag{3,10}$$

beschrieben werden. Ein Beispiel hierfür zeigt die Abb. 2. Im Fall $\gamma < 1$ wächst dagegen der Absolutwert der Steigung der Kurven lg J über lg $(1 + \vartheta)$ zunächst an, bevor er innerhalb eines gewissen ϑ-Bereichs konstant bleibt. In diesem besitzt wiederum die Gl. 3.10 Gültigkeit. Der Exponent α, der mit dem Absolutwert der Steigung identisch ist, hängt von γ ab und ist für $\gamma > 1$ kleiner als 2 und für $\gamma < 1$ größer als 2. Für größere Werte von ϑ nimmt sowohl für $\gamma > 1$ als auch für $\gamma < 1$ der Exponent α allmählich den Wert 2 an. Nach hinreichender Entleerung der Haftstellen geht also das Abklinggesetz in

$$I \sim J = \frac{\text{const}}{\vartheta^2} = \frac{\text{const}}{t^2} \qquad (3{,}10\text{a})$$

über. Wie weiter unten noch gezeigt wird, ist der Grenzwert von α für große γ-Werte 0,5. Für $\gamma = 0$ wird das Abklingen durch die Gl. 3,8 beschrieben. Nach den Berechnungen von Adirowitsch ergibt sich für $\gamma = 0{,}1$ nicht mehr der erörterte hyperbolische Teil der Kurve im ersten Abschnitt der Phosphoreszenz, sondern das Abklingen verläuft nach einer Exponentialfunktion. Für $\gamma = 0{,}33$ tritt noch ein hyperbolischer Abschnitt mit $\alpha = 2{,}5$ auf, nachdem aber bereits der Hauptteil der in den Haftstellen eingefangenen Elektronen befreit worden ist. Hyperbolisches Abklingen mit einem Exponenten $\alpha > 2{,}5$ dürfte dementsprechend nicht zu erwarten sein.

Eine Gleichung, aus der sich der Exponent α in Gl. 3,10 explizit als Funktion von ϑ ermitteln läßt, hat Adirowitsch nicht angegeben. Man erhält sie jedoch aus dem Gleichungssystem 3,7a u. b, wenn man $\left(\frac{1}{\mu} - 1\right) = x$ setzt,

$$\alpha = -\frac{d \ln J}{d \ln (1+\vartheta)} = \frac{2\gamma x + \gamma + 1}{(\gamma x + 1)^2} (1 + \vartheta)$$

$$= \frac{2\gamma x + \gamma + 1}{(\gamma x + 1)^2} \left\{(1-\gamma)\cdot \ln (x+1) + \gamma x + 1\right\}. \qquad (3{,}11)$$

Die Gleichung läßt sich nicht derart umschreiben oder durch eine geeignete Reihenentwicklung des Logarithmus und entsprechende Vernachlässigungen vereinfachen, daß für den betrachteten Abschnitt der Phosphoreszenz α allein von γ und nicht auch von x bzw. μ abhängt. An einem Beispiel soll dies noch einmal klar gezeigt werden. In der Tabelle 1 sind die Werte für den Exponenten α zusammengestellt, die für $\gamma = 500$ und μ-Werte zwischen 0,9999 und 0,5 nach Gl. 3,11 berechnet worden sind. Außerdem sind in die Tabelle die zugehörigen Werte für $(1+\vartheta)$ aufgenommen worden. Wie aus der Tabelle ersichtlich ist, ändert sich der Exponent in dem μ-Bereich von etwa 0,92 bis 0,56 nicht wesentlich, so daß er näherungsweise noch als konstant angesehen werden kann. Die zugehörigen $(1+\vartheta)$-Werte umfassen etwa 1,5 Zehnerpotenzen. Für $\gamma = 500$ hat Adirowitsch auf Grund seiner berechneten Abklingkurve einen Wert von 0,80 für den Exponenten erhalten (vgl. Abb. 2).

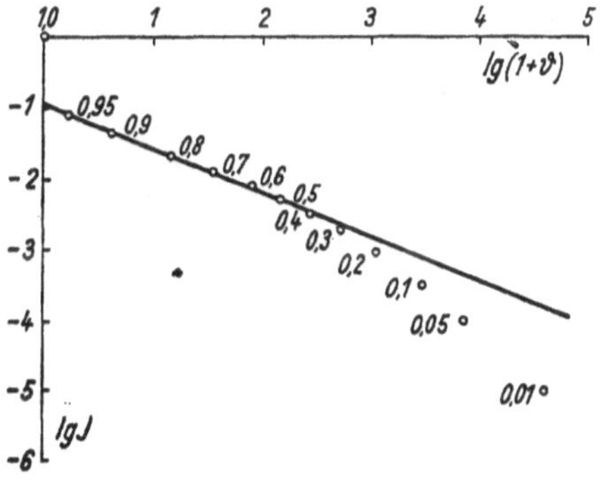

Abb. 2. Von Adirowitsch für $\gamma = 500$ berechnete Abklingkurve

Um die Frage nach der Lage des Maximums ($\gamma < 1$) und des Minimums ($\gamma > 1$) des Exponenten α im ersten Abschnitt der Phosphoreszenz zu beantworten, muß man noch $\frac{d\alpha}{dx}$ berechnen und den erhaltenen Ausdruck gleich Null setzen. Verwendet man dabei die Näherung $\ln(x+1) = \frac{2x}{x+2}$, so ergibt sich:

$$\gamma^2 (\gamma - 1)\, x^3 - 4\gamma (\gamma - 1)\, x^2 - (10\gamma^2 - 9\gamma - 1)\, x - 4\gamma^2 + 2\gamma + 2 = 0\,. \qquad (3{,}12)$$

Tabelle 1. Die Exponenten α und α' in Abhängigkeit von μ bzw. x für $\gamma = 500$.

μ	x	α	$1+\vartheta$	α'	ϑ
0,9999	0,0001	454,6	1,0001025	0,0466	0,0001025
0,9990	0,001	223,4	1,00125	0,279	0,00125
0,9901	0,01	14,69	1,0351	0,498	0,351
0,9524	0,05	1,37	1,66	0,53	0,66
0,95	0,0526	1,28	1,71	0,53	0,71
0,9091	0,1	0,80	3,44	0,56	2,44
0,8000	0,25	0,69	14,65	0,65	13,65
0,6667	0,5	0,77	48,68	0,76	47,68
0,5556	0,8	0,93	114,7	0,92	113,7
0,5000	1,0	0,97	155,1	0,96	154,1

Für einen vorgegebenen Wert von γ läßt sich nach der CARDANIschen Formel[16]) der Wert von x ermitteln, bei dem α ein Maximum bzw. Minimum besitzt. Für $\gamma = 500$ erhält man $\mu_{\min} \approx 0{,}81$. Für sehr große Werte von γ ist

$$x_{\min} \approx \sqrt[3]{\frac{4}{\gamma}}\,. \tag{3,13}$$

Wenn man jetzt in Gl. 3,11 $\ln(x+1)$ näherungsweise gleich $2x/(x+2)$ setzt und für x den Ausdruck Gl. 3,13 verwendet, so sieht man, daß selbst für sehr große γ-Werte der kleinste Exponent α im ersten Abschnitt der Phosphoreszenz nicht unter 0,5 liegen kann.

Sehr häufig wird die Lumineszenzintensität als Funktion der Zeit t in doppeltlogarithmischem Maßstab dargestellt. Deshalb soll noch die Änderung des Exponenten α' in Abhängigkeit von ϑ $(\sim t)$ diskutiert werden, der in der Gleichung

$$J \sim \vartheta^{-\alpha'} \tag{3,14}$$

auftritt. Wenn man wiederum $\left(\frac{1}{\mu} - 1\right) = x$ setzt, so erhält man

$$\alpha' = -\frac{d \ln J}{d \ln \vartheta} = \frac{(2\gamma x + \gamma + 1)}{(\gamma x + 1)^2}\,\vartheta$$

$$= \frac{2\gamma x + \gamma + 1}{(\gamma x + 1)^2}\left\{\sum_{n=1}^{\infty} (-1)^{n+1} \frac{x^n}{n} + \gamma \sum_{m=2}^{\infty} (-1)^m \frac{x^m}{m}\right\}. \tag{3,15}$$

Für sehr kleine Werte von x wird $\alpha' = (\gamma + 1)\,x$. Mit $\vartheta \to 0$ geht x und damit auch $\alpha' \to 0$. Dagegen geht α mit $\vartheta \to 0$ gegen $(\gamma + 1)$, wie aus Gl. 3,11 hervorgeht. Umgekehrt wächst α' im ersten Teil der Phosphoreszenz mit der Zeit $t \sim \vartheta$ monoton an. In dem früher erwähnten Abschnitt, in dem der Exponent α näherungsweise noch als konstant angesehen werden kann, trifft dies für α' nicht zu. In der Tabelle 1 $(\gamma = 500)$ sind die α'-Werte für die einzelnen μ- bzw. x-Werte enthalten, so daß ein Vergleich mit den vorher erörterten α-Werten möglich ist.

Es soll auch noch der Fall erwähnt werden, in dem γ sehr groß ist. Setzt man in den Gln. 3,7a u. b $(\gamma - 1) \approx \gamma$, so ergibt sich die Gleichung

$$\alpha' \doteq \frac{2x+1}{x^2}\left\{\frac{x^2}{2} - \frac{x^3}{3} + \cdots\right\}. \tag{3,15 a}$$

Für $x \ll 1$ erhält man $\alpha' = {}^1/_2$. Dasselbe Ergebnis liefert Gl. 3,15 unter den Voraussetzungen $x \ll 1$ und $\gamma x \gg 1$. Mit $x \to 0$ geht aber nach der exakten Rechnung auch im Fall großer γ-Werte α' gegen Null, was offensichtlich sinnvoll ist.

Wenn unter speziellen Annahmen der gesamte Verlauf des Abklingens berechnet wird und I über t in doppeltlogarithmischem Maßstab aufgetragen wird, so tritt bei hin-

[16]) Hütte, Bd. I, S. 77, Berlin 1952.

reichend kleinen Werten von M^e_{HL} ein Zeitintervall auf, in dem die Lumineszenzintensität nur außerordentlich schwach abnimmt und das fast ganz der Phosphoreszenz zuzurechnen ist (s. Abschnitt d). Außerdem fehlt der oben diskutierte hyperbolische Teil des Abklingens mit einem näherungsweise konstanten Exponenten (Gl. 3,10). ADIROWITSCH macht zwar darauf aufmerksam, daß die theoretischen Kurven verzerrt werden, wenn die Koordinate lg $(1 + \vartheta)$ durch lg ϑ bzw. lg t ersetzt wird, rechnet aber anscheinend den dadurch bedingten schwachen Intensitätsabfall, der sich über mehrere Zehnerpotenzen von ϑ bzw. t erstrecken kann, zum Übergangsgebiet. Außerdem erwartet er, daß auch bei Ersetzung von $(1 + \vartheta)$ durch ϑ der hyperbolische Teil des Abklingens mit einem konstanten Exponenten erhalten bleibt, höchstens etwas verkürzt wird. Hier sei noch einmal darauf hingewiesen, daß bei den von ADIROWITSCH berechneten Kurven ohnehin der betrachtete hyperbolische Teil nicht mehr als 2 Größenordnungen von $(1 + \vartheta)$ umfaßt. Für den Fall $\gamma = 500$ zeigt die Tabelle 1 sehr deutlich, welch unterschiedliche Werte die beiden Exponenten α und α' in dem betreffenden Bereich annehmen. Wenn nun ADIROWITSCH behauptet, seine Theorie der Phosphoreszenz erkläre beispielsweise vollkommen die Experimente von ANTONOW-ROMANOWSKI[17]), die (bei zwei Temperaturen) über 3 Zehnerpotenzen von t ein $\alpha' = 1{,}2$ ergeben haben, oder die von ELLICKSON und PARKER[18]), bei denen α' sogar über 4 Zehnerpotenzen von t nahezu konstant ist, so dürfte das nach den vorangegangenen Erörterungen doch nicht ganz zutreffen.

c) Die Annahme des quasistationären Gleichgewichts zwischen den Elektronen im L-Band und in den Hafttermen

BROSER und BROSER-WARMINSKY[8]) haben eine statistisch-kinetische Theorie der Lumineszenz und elektrischen Leitfähigkeit von Störstellenhalbleitern entwickelt. Dabei nehmen sie an, daß auch bei nichtstationären Vorgängen wie dem An- und Abklingen (außer bei sehr kleiner Konzentration n^e_L) zwischen den Elektronen im L-Band und in den Hafttermen und den Defektelektronen im V-Band und in den Aktivatoren quasistationäres Gleichgewicht herrscht. Die Verteilung der Elektronen auf die Haftterme und das L-Band und die der Defektelektronen auf die Aktivatorterme und das V-Band wird durch die FERMI-Statistik geregelt. Statt der einheitlichen FERMI-Grenze im Fall des thermodynamischen Gleichgewichts treten bei Anregung durch Einstrahlung dann aber zwei verschiedene „Quasi-Fermi-Grenzen" auf, die durch folgende Gleichung bestimmt sind:

für die Elektronen
$$\zeta^e = E_L - kT \ln \frac{F}{n^e_L} \tag{3,16a}$$

und für die Defektelektronen
$$\zeta^o = E_V + kT \ln \frac{F}{n^o_V}, \tag{3,16b}$$

wobei
$$F = 2\left\{\frac{2\pi kT\, m}{h^2}\right\}^{3/2} \tag{3,16c}$$

ist (k BOLTZMANNsche Konstante, h PLANCKsches Wirkungsquantum, T absolute Temperatur und m Elektronenmasse). Wenn nun, wie oben angenommen wird, nur ein Haftstellen- und ein Aktivator-Niveau vorhanden ist, so ergeben sich für die Konzentration der Elektronen in den Haftstellen und der Defektelektronen in den Aktivatortermen die Gleichungen:

$$n^e_H = \frac{N^o_H}{1 + \frac{F}{n^e_L}\, e^{-(E_L - E_H)/kT}} \tag{3,17 a}$$

---

[17]) W. W. ANTONOW-ROMANOWSKI, Ber. d. Ak. d. W. 5, 205 (1933).

[18]) R. I. ELLICKSON und W. L. PARKER, Physic. Rev. 70, 290 (1946).

und

$$n^o_A = \frac{N^e_A}{1 + \frac{F}{n^o_V} e^{-(E_A - E_V)/kT}}. \qquad (3,17\,b)$$

Es soll jetzt weiter vorausgesetzt werden, daß $(E_L - E_H)$ genügend klein gegenüber $(E_A - E_V)$ ist, so daß $n^o_V \ll n^e_L$ sein kann. Dann erhält man durch Addition der Gln. 3,1a und b und unter Benutzung der Gln. 3,1d und 3,17a:

$$\frac{dn^e_L}{dt} + \frac{dn^e_H}{dt} = \frac{dn^e_L}{dt}\left[1 + \frac{N^o_H F^*}{(n^e_L + F^*)^2}\right] = -B^e_{LA}(n^e_L)^2 \left[1 + \frac{N^o_H}{n^e_L + F^*}\right] = -I; \qquad (3,18)$$

dabei ist

$$F \cdot exp\,[-(E_L - E_H)/kT] = \frac{M^e_{HL}}{B^e_{LH}} = F^* \qquad (3,19)$$

gesetzt worden. Mit Hilfe der Differentialgleichung 3,18 läßt sich leicht der gesamte Verlauf des Abklingens berechnen, worauf in Abschnitt *d* eingegangen wird.

Wie aus der Ableitung der Gl. 3,17a durch BROSER und BROSER-WARMINSKY[8]) hervorgeht, ist die wichtigste Bedingung für das Vorhandensein eines quasistationären Gleichgewichts zwischen den Elektronen im L-Band und denen in den Haftstellen:

$$\left|\frac{dn^e_H}{dt}\right| \ll B^e_{LH}\, n^e_L\, N^o_H. \qquad (3,20)$$

Für das spontane Nachleuchten gilt die Ungleichung 3,2a; dieser entspricht in Gl. 3,18 die Ungleichung $N^o_H F^* \ll (n^e_L + F^*)^2$. Dann ergibt sich mit $F^* \ll n^e_L$ aus den Gln. 3,17a, 3,19 und 3,18

$$\left|\frac{dn^e_H}{dt}\right| \approx B^e_{LA} \frac{N^o_H F^* (n^e_L + N^o_H)}{n^e_L}.$$

Bei Berücksichtigung von $F^* \ll n^e_L$ und $N^o_H F^* \ll (n^e_L)^2$ sieht man sofort, daß die Ungleichung 3,20 immer erfüllt ist, wenn $B^e_{LH} \gtrapprox B^e_{LA}$ ist.

Für die Phosphoreszenz sind die beiden Ungleichungen 3,2b und c charakteristisch. Ihnen entspricht hier: $N^o_H F^* \gg (n^e_L + F^*)^2$ und $N^o_H \gg (n^e_L + F^*)$. Dann erhält man:

$$\left|\frac{dn^e_H}{dt}\right| = B^e_{LA}\,(n^e_L)^2 \frac{N^o_H}{n^e_L + F^*}.$$

Wenn $n^e_L \gg F^*$ ist, ergibt die Einsetzung in die Ungleichung 3,20 die Forderung $B^e_{LA} \ll B^e_{LH}$ oder $\gamma \gg 1$. Falls $n^e_L \ll F^*$ ist, so folgt: $B^e_{LA} \frac{n^e_L}{F^*} \ll B^e_{LH}$ oder $\frac{F^*}{n^e_L} \gamma \gg 1$. Die Voraussetzung für das Vorhandensein des quasistationären Gleichgewichts ist also, daß der Eingangsquerschnitt der Haftstellen für die Elektronen wesentlich größer als der der Aktivatoren ist. Dieses Ergebnis ist durchaus plausibel; nur dann kann das quasistationäre Gleichgewicht erhalten bleiben, wenn nur ein sehr geringer Teil der Elektronen ständig auf einem anderen Wege abfließt. Wenn also bei der Berechnung des Abklingens die Existenz eines quasistationären Gleichgewichts vorausgesetzt wird, so kann diese Betrachtungsweise als Spezialfall der Theorie von ADIROWITSCH mit einem sehr großen Hauptparameter γ der Phosphoreszenz aufgefaßt werden. Bisher war nur eine bestimmte Hafttermtiefe in Betracht gezogen worden. Bei komplizierteren Hafttermverteilungen, beispielsweise einer exponentiell mit dem energetischen Abstand vom L-Band abnehmenden, gilt die Bedingung sehr großer γ-Werte ebenfalls, was unmittelbar einzusehen ist.

d) Der Verlauf des gesamten Abklingens

Um den Verlauf des gesamten Abklingens berechnen und damit auch das Übergangsgebiet erfassen zu können, muß man spezielle Annahmen machen. Von KLASENS und WISE[19]) sind derartige Rechnungen für den Fall $\gamma = 1$ durchgeführt worden. Hier sollen Abklingkurven unter der Voraussetzung des quasistationären Gleichgewichts ermittelt werden.

Die Integration der Differentialgleichung 3,18 mit der Anfangsbedingung $n^e_L = (n^e_L)_o$ für $t = 0$ ergibt ($M = 0{,}434\,294$):

$$\frac{1}{M}\left[\lg\frac{(n^e_L)_o}{n^e_L} - \lg\frac{(n^e_L)_o + F^* + N^o_H}{n^e_L + F^* + N^o_H}\right] + \frac{F^* + N^o_H}{F^*}\sum_{m=2}^{\infty}\frac{(-1)^m}{m}\left[\left(\frac{F^*}{n^e_L}\right)^m - \left(\frac{F^*}{(n^e_L)_o}\right)^m\right] = B^e_{LA}(F^* + N^o_H)\,t \tag{3,21a}$$

Für den Abschnitt des spontanen Nachleuchtens, also unter der Bedingung $(F^* + n^e_L)^2 \gg F^* N^o_H$, erhält man bei $F^* \ll N^o_H$ und n^e_L die einfachere Gleichung:

$$\frac{1}{M}\left[\lg\frac{(n^e_L)_o}{n^e_L} - \lg\frac{(n^e_L)_o + N^o_H}{n^e_L + N^o_H}\right] = B^e_{LA} N^o_H\, t. \tag{3,21b}$$

Schließlich folgt für die Phosphoreszenz $[(F^* + n^e_L)^2 \ll F^* N^o_H$ und $(n^e_L + F^*) \ll N^o_H]$:

$$\frac{1}{M}\left[\lg\frac{(n^e_L)_o + F^*}{n^e_L + F^*} - \lg\frac{(n^e_L)_o}{n^e_L}\right] + F^*\left[\frac{1}{n^e_L} - \frac{1}{(n^e_L)_o}\right] = B^e_{LA} F^* t \tag{3,21c}$$

Die Lumineszenzintensität in Abhängigkeit von n^e_L ist:

$$I = B^e_{LA}(n^e_L)^2\left[1 + \frac{N^o_H}{n^e_L + F^*}\right]. \tag{3,21d}$$

Unter Verwendung der Gl. 3,19 und Einführung der dimensionslosen Größen γ, J, ϑ und μ (Gl. 3,6) ($\mu = 1$ für $\vartheta = 0$) lassen sich die Gln. 3,21c u. d auf die Form der Gln. 3,7a und b bringen, wenn noch der Summand 1 in der Klammer der Gl. 3,21d gegenüber $N^o_H/(n^e_L + F^*)$ (Phosphoreszenz!) vernachlässigt wird. Die so erhaltenen Gleichungen unterscheiden sich von den Gln. 3,7a und b nur dadurch, daß in ihnen statt des Faktors $(1 - \gamma)$ der Faktor $(-\gamma)$ auftritt. Hierdurch zeigt sich wiederum deutlich, daß im Fall des quasistationären Gleichgewichts $\gamma \gg 1$ sein muß, worauf bereits in Abschnitt 3c hingewiesen worden ist.

Da die Gln. 3,21a bis d aus den Gln. 3,1a bis d abgeleitet worden sind, liegt ihnen die Voraussetzung zugrunde, daß $n^o_V \ll n^e_L$ und dementsprechend in guter Näherung $n^e_L + n^e_H = n^o_A$ (Gl. 3,1d) ist. Wenn nun

$$F \cdot \exp[-(E_A - E_V)/kT] = \frac{M^o_{AV}}{B^o_{VA}} = \varphi^* \tag{3,22}$$

gesetzt wird, so ergibt sich unter Verwendung von Gl. 3,17b

$$n^o_V = \varphi^* \frac{N^o_H n^e_L + (n^e_L)^2 + n^e_L F^*}{N^e_A n^e_L + N^e_A F^* - N^o_H n^e_L - (n^e_L)^2 - n^e_L F^*}. \tag{3,23}$$

Nimmt man an, daß $N^e_A = N^o_H$ ist, dann wird der Nenner in Gl. 3,23 negativ, wenn $(n^e_L)^2 + n^e_L F^* > N^o_H F^*$ wird. Der Grund hierfür ist leicht zu finden. Wie sich mit Hilfe der Gln. 3,17a und 3,19 zeigen läßt, ist $n^e_L = N^o_H - n^e_H$, wenn $(n^e_L)^2 + n^e_L F^* = N^o_H F^*$ ist. Für größere Werte von n^e_L ergibt sich: $N^o_H - n^o_A = N^o_H - n^e_H - n^e_L < 0$. Die vereinfachte Neutralitätsbedingung 3,1d erweist sich hier als unzureichend; es müßte auf die ursprüngliche Gl. 2,1e zurückgegriffen und außerdem dann auch im allgemeinen die Konzentration der Defektelektronen

---

[19]) H. A. KLASENS und M. E. WISE, Nature (London) 158, 483 (1946).

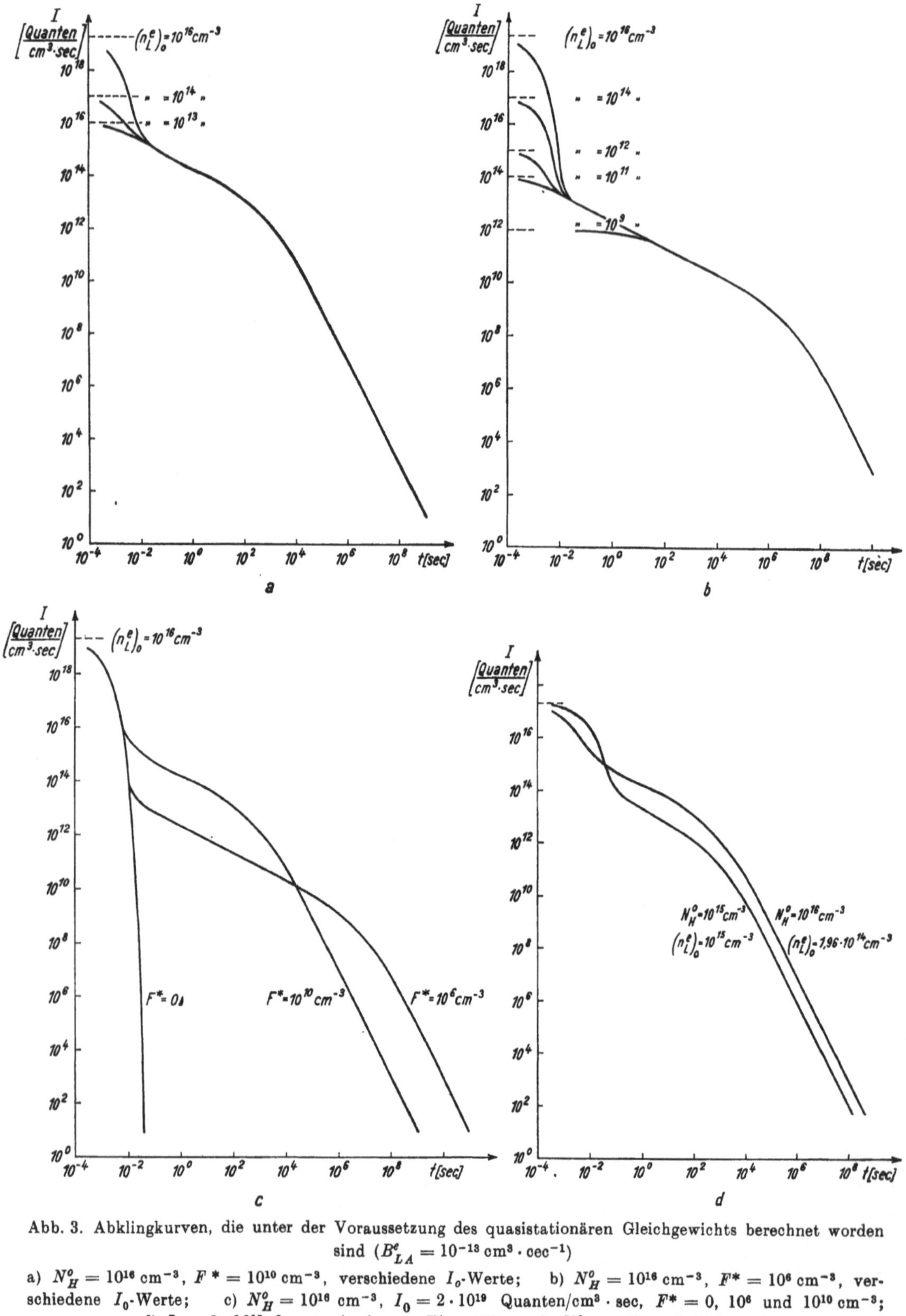

Abb. 3. Abklingkurven, die unter der Voraussetzung des quasistationären Gleichgewichts berechnet worden sind ($B^e_{LA} = 10^{-13}$ cm^3 · sec^{-1})

a) $N^0_H = 10^{16}$ cm^{-3}, $F^* = 10^{10}$ cm^{-3}, verschiedene I_0-Werte; b) $N^0_H = 10^{16}$ cm^{-3}, $F^* = 10^6$ cm^{-3}, verschiedene I_0-Werte; c) $N^0_H = 10^{16}$ cm^{-3}, $I_0 = 2 \cdot 10^{19}$ Quanten/cm^3 · sec, $F^* = 0$, 10^6 und 10^{10} cm^{-3}; d) $I_0 = 2 \cdot 10^{17}$ Quanten/cm^3 · sec, $F^* = 10^{10}$ cm^{-3}, $N^0_H = 10^{15}$ und 10^{16} cm^{-3}

im V-Band berücksichtigt werden (Gl. 2,1a bis e). Die Gl. 3,23 verliert also ihre Gültigkeit, wenn nicht n_L^e klein genug oder, genauer ausgedrückt, $(n_L^e)^2 + n_L^e F^*$ hinreichend klein gegenüber $N_H^o F^*$ ist. Falls diese Bedingung erfüllt ist und $N_H^o \gg (n_L^e + F^*)$ ist, so folgt aus Gl. 3,23

$$n_V^o = \frac{\varphi^*}{F^*} n_L^e. \tag{3,24}$$

Für das spontane Nachleuchten ist nun die Ungleichung $(n_L^e + F^*)^2 \gg N_H^o F^*$ charakteristisch. Das würde bedeuten, daß unter der Annahme $N_A^e = N_H^o$ die Gl. 3,21b überhaupt keine Gültigkeit besitzt und Gl. 3,21a nur, soweit sie sich auf die Phosphoreszenz bezieht. Solange jedoch n_L^e noch klein gegenüber N_H^o bleibt und auch $n_L^e + F^* \ll N_H^o$ ist, kann $n_A^o \approx n_H^e$ gesetzt werden, und das Abklingen wird durch das Produkt $B_{LA}^e n_L^e n_A^o \approx B_{LA}^e (n_L^e)^2 \cdot \frac{N_H^o}{n_L^e + F^*}$ bestimmt. Dabei spielt es keine Rolle, daß etwa n_V^o in die Größenordnung von n_L^e kommt. Das ist jedoch anders, wenn noch strahlungslose Übergänge in der von Schön[4])[5]) vorgeschlagenen Weise berücksichtigt werden.

Broser und Broser-Warminsky[8]) vertreten die Auffassung, daß der Unterschied zwischen der Haftstellen- und Aktivatorkonzentration nur klein sein kann, solange vernachlässigbar kleine Dunkelströme vorliegen. Sie gehen dabei von der Vorstellung aus, daß die Haftstellen dadurch entstanden sind, daß Donatoren ihr leicht abspaltbares Elektron an Acceptoren abgegeben haben; als Acceptoren fungieren die Aktivatoren (Metalle der 1. Gruppe des periodischen Systems). Wenn nun Donatoren und Acceptoren in ungleicher Konzentration vorhanden sind, so muß sich dies durch eine starke Dunkelleitfähigkeit (N- oder P-Typ) bemerkbar machen. Doch dürften auch Fälle auftreten, in denen trotz einer sehr geringen Dunkelleitung $N_A^e \neq N_H^o$ ist, z. B. wenn Zn^{++}-oder Cd^{++}-Ionen durch Fe^{++}-Ionen ersetzt werden oder wenn ein Cu^+-Ion auf einem Gitterplatz und eines auf einem benachbarten Zwischengitterplatz eingebaut wird.[20])

Der Gültigkeitsbereich der Gln. 3,21a und b im Fall $N_A^e = N_H^o$ ist bei den vorangegangenen Erörterungen festgestellt worden.[21]) Wenn angenommen werden darf, daß $N_A^e \geq N_H^o + (n_L^e)_o$ ist, so besteht die erwähnte Einschränkung nicht, daß n_L^e klein gegenüber N_H^o bleiben muß.

Die Abbildungen 3a bis c zeigen Abklingkurven, die nach den Gln. 3,21a bis d ermittelt worden sind; dabei ist die Anfangsintensität I_o und die Größe F^* variiert worden. Es hat sich ein ähnliches Bild ergeben, wie es auch die Berechnungen von Klasens und Wise geliefert haben.[22]) In den Abbildungen ist für die einzelnen Kurven stets die Anfangskonzentration $(n_L^e)_o$ der Elektronen im L-Band angegeben worden, so daß beurteilt werden kann, welche Kurven den vorangegangenen Erörterungen zufolge auch im Fall $N_A^o = N_H^o$ noch Gültigkeit besitzen. Das charakteristische Bild des Einflusses von F^* auf die Abklingkurven, das Abbildung 3c vermittelt, geht auch dann nicht verloren, wenn $(n_L^e)_o$ nicht gleich N_H^o, sondern klein gegenüber N_H^o ist.

Sehr leicht läßt sich hier die Frage klären, wo die Grenzen zwischen den drei Abschnitten des Abklingens zu ziehen sind und wie weit der Vorrat an Elektronen in den Haftstellen bereits angegriffen worden ist, bevor die Phosphoreszenz einsetzt. Der Übergang vom spontanen Nachleuchten zum Übergangsgebiet ist bei höheren Anfangsintensitäten sehr deutlich

---

20) F. A. Kröger, J. Appl. Physics Suppl. 4, 58 (1955).

21) In diesem Zusammenhang soll noch einmal auf die Diskussion des spontanen Nachleuchtens in Abschnitt a hingewiesen werden.

22) Klasens und Wise (s. Anm. 19) haben bei der Ermittlung der theoretischen Abklingkurven für $\gamma = 1$ angenommen, daß $N_H^o = 10^{16}$ cm^{-3} und N_A^e um 2 Zehnerpotenzen größer ist. — In den Abbildungen 3a bis d sind die Abklingkurven bis zu sehr kleinen I-Werten angegeben worden, damit die Kurvenform bei weitgehender Erschöpfung des Elektronenvorrats in den Haftstellen auch deutlich zum Ausdruck kommt. Für $I \lessapprox 10^{12}$ Quanten/cm$^3 \cdot$ sec dürften die Kurven jedoch keine praktische Bedeutung mehr besitzen.

an dem Abbiegen der Kurven vom exponentiellen Verlauf zu erkennen. Es zeigt sich, daß bei konstantem F^* der Abschnitt des spontanen Nachleuchtens bei kleineren Anfangsintensitäten weniger ausgeprägt ist. Wenn die Anfangsintensität konstant gehalten wird, so dauert das spontane Nachleuchten um so länger an und sinkt innerhalb dieses Abschnittes des Abklingens die Lumineszenzintensität auf um so niedrigere Werte, je kleiner F^* ist. In dem Fall $F^* = 0$, in dem die Elektronen in den Haftstellen „eingefroren" sind, tritt nur das exponentiell verlaufende spontane Nachleuchten auf.

Die Zugehörigkeit eines Teiles der Abklingkurve zur Phosphoreszenz läßt sich dadurch entscheiden, ob die nach Gl. 3,21c für $t = t(n_L^e)$ berechneten Werte mit den nach Gl. 3,21a erhaltenen (auf ca. 5%) übereinstimmen, die für das gesamte Abklingen Gültigkeit besitzt, oder ob die Phosphoreszenz-Formel noch zu kleine Werte liefert. Für $F^* = 10^{10}$ cm^{-3} liegt die Grenze zwischen dem Übergangsgebiet und der Phosphoreszenz etwa bei $t = 0{,}2$ sec. Der Anteil der besetzten Haftstellen beträgt dann noch etwa 95%. Das Übergangsgebiet ist also nur sehr klein. Für $F^* = 10^6$ cm^{-3} findet man die Grenze fast an derselben Stelle, etwa bei $t = 0{,}5$ sec. Hier sind noch 99,99% der Haftstellen mit Elektronen besetzt. Im ersten Abschnitt der Phosphoreszenz nimmt die Lumineszenzintensität sehr langsam mit der Zeit ab. Für $F^* = 10^6$ cm^{-3} klingt die Lumineszenz in der durch die Gl. 3,14 beschriebenen Weise ab, wobei $\alpha' = 0{,}5$ ist. Wie dies zustande kommt, läßt sich durch Umformung von Gl. 3,21c und Reihenentwickung von $\ln\left(1 + \frac{F}{n_L^e}\right)$ zeigen. Es ist aber auch bereits in Abschnitt b näher darauf eingegangen worden (s. Gl. 3,15a). Das Zeitintervall mit $\alpha' = 1/2$ ist nach der exakten Rechnung um so größer, je größer γ ist.

Hält man I_0 und F^* konstant und verändert man die Haftstellenkonzentration, so ergeben sich die in Abbildung 3d dargestellten Kurven. Hier zeigt sich deutlich folgendes: Das spontane Nachleuchten geht bei höheren Haftstellenkonzentrationen schneller vonstatten, was nach der hier näherungsweise gültigen Gl. 3,4a zu erwarten ist. Weiter ist bei einer höheren Haftstellenkonzentration die Phosphoreszenzintensität bei ein und derselben Zeit t größer als bei einer niedrigeren, da mehr Elektronen in den Haftstellen gespeichert sind und dementsprechend die Intensität $I = B_{LA}^e\, n_L^e\, n_H^e$ in jedem Zeitpunkt des Abklingens größere Werte annimmt.

Wenn man den Wert von B_{LA}^e erhöht, so ergibt sich nach Gl. 3,21d bei der gleichen Konzentration der Elektronen im L-Band eine Vergrößerung der Intensität. Die Kurven verschieben sich also insgesamt nach höheren I-Werten. Außerdem folgt aus den Gln. 3,21a bis c, daß für ein und dasselbe n_L^e kleinere Werte für t erhalten werden. Dementsprechend tritt auch noch eine weitere Verschiebung der Kurven ein und zwar nach kleineren t-Werten hin. Das Abklingen verläuft also, wie das auch zu erwarten ist, bei Vergrößerung von B_{LA}^e schneller.

4. Der Einfluß der Hafttermverteilung auf das Abklingen

Bisher ist vorausgesetzt worden, daß nur Haftstellen mit Termen in einem bestimmten energetischen Abstand vom L-Band auftreten. Aus zahlreichen Experimenten an Kristallphosphoren läßt sich jedoch schließen, daß tatsächlich Hafttermverteilungen vorliegen.

Adirowitsch hat nun darauf hingewiesen, daß seine Theorie der Phosphoreszenz auch darauf ausgedehnt werden kann, daß mehrere Haftstellen-Niveaus vorhanden sind. Wie bisher auf die Elektronen im L-Band ist dann auch auf die in den flacheren Hafttermen befindlichen die „Methode der quasistationären Konzentration" anzuwenden.

RANDALL und WILKINS[23]) haben angenommen, daß die Befreiung der Elektronen aus den Haftstellen der langsamste und damit der die Phosphoreszenz bestimmende Prozeß der Reaktionskinetik ist und daß kein Wiedereinfang der Elektronen durch die Haftstellen stattfindet. Ihren Berechnungen liegt also der Fall $\gamma = 0$ zugrunde. Unter dieser speziellen Bedingung ist es RANDALL und WILKINS möglich, das Abklinggesetz beim Vorliegen einer homogenen und einer exponentiell mit dem Abstand vom L-Band abnehmenden Verteilung

$$(N_H^0)_E = (N_H^0)_0 \exp\left[-s(E_L - E)\right] \tag{4,1}$$

zu berechnen; für die erste ergibt sich

$$I \sim t^{-1} \tag{4,2}$$

und für die zweite

$$I \sim t^{-(skT+1)}. \tag{4,3}$$

Auch unter der Annahme des quasistationären Gleichgewichts läßt sich das Abklingen für eine homogene und exponentielle Hafttermverteilung berechnen. Es soll nur auf die letztere noch kurz eingegangen werden. Bezeichnet man mit $(N_H^0)_E$ und $(n_H^e)_E$ die Konzentration der Haftstellen und die der in ihnen befindlichen Elektronen im Energieintervall von E bis $E + dE$, so ist (vgl. Gl. 3,17a)

$$\frac{(n_H^e)_E}{(N_H^0)_E} = \frac{1}{1 + \frac{F}{n_L^e} e^{-(E_L - E)/kT}}. \tag{4,4}$$

Multipliziert man diese Gleichung mit der Hafttermverteilung Gl. 4,1 und integriert über E von E_V bis E_L[24]), dann erhält man unter den Bedingungen $skT < 1$ und $\frac{F}{n_L^e} \gg 1$ die Konzentration aller in Hafttermen befindlichen Elektronen

$$n_H^e = \frac{(N_H^0)_0}{s} \left\{ skT \cdot \frac{\pi}{\sin \pi\, skT} \left(\frac{n_L^e}{F}\right)^{skT} - e^{-\varepsilon_0 s} + \frac{skT}{skT - 1} \left(\frac{n_L^e}{F}\right) \right\} \tag{4,5}$$

($\varepsilon_0 = E_L - E_V$ Breite der verbotenen Zone).
Für sehr kleine Werte von skT ergibt sich daraus die von BROSER und BROSER-WARMINSKY[8]) angegebene Relation

$$n_H^e = \frac{(N_H^0)_0}{s} \left\{ \left(\frac{n_L^e}{F}\right)^{skT} - e^{-\varepsilon_0 s} \right\}. \tag{4,5a}$$

Wenn zwar skT sehr klein, aber s noch hinreichend groß ist, damit $e^{-\varepsilon_0 s}$ gegenüber $(n_L^e/F)^{skT}$ vernachlässigt werden kann, so läßt sich die Abklingformel für die Phosphoreszenz ableiten:

$$I = \frac{I_0}{[1 + Ct]^{skT+1}} \quad \text{mit } C = \frac{1}{kT} \cdot \left(\frac{B_{LA}^e F}{s}\right)^{\frac{skT}{skT+1}} \cdot \left(\frac{I_0}{(N_H^0)_0}\right)^{\frac{1}{skT+1}}. \tag{4,6}$$

Es muß noch betont werden, daß n_L^e so klein sein muß, daß der energetische Abstand der Quasi-FERMI-Grenze vom unteren Rande des L-Bandes groß gegen kT ist, da sonst die Voraussetzungen für die Gültigkeit der Gl. 4,4 nicht mehr erfüllt sind.

Wie sich gezeigt hat, kann sowohl bei einer homogenen als auch bei einer exponentiellen Hafttermverteilung ein hyperbolisches Abklingen mit einem Exponenten ungleich 2 auftreten.

---

[23]) J. T. RANDALL und M. H. F. WILKINS, Proc. Roy. Soc. A 184, 347, 366 (1945), G. F. J. GARLICK, Luminescent Materials, Oxford 1949.

[24]) W. MAGNUS und F. OBERHETTINGER, Formeln und Sätze für die speziellen Funktionen der mathematischen Physik, S. 1 und 6, Berlin 1948. W. GRÖBNER und N. HOFREITER, Integraltafel, II. Teil, Nr. 431 · 15, 431 · 15 a, 411 · 9 g, Wien und Innsbruck 1950.

5. Der Einfluß der Übergänge ohne Ausstrahlung der Lumineszenzbande

ADIROWITSCH[2]) hat darauf hingewiesen, daß sich das Auftreten von Übergängen ohne Ausstrahlung der Lumineszenzbande in sehr einfacher Form berücksichtigen läßt. Dazu ersetzt er die in der Gl. 3,7 a auftretende dimensionslose, der Lumineszenzintensität proportionale Größe J durch

$$J' = I \left[\frac{B_{st}}{B_{st} + B_{th}} N_H^0 M_{HL}^e\right]^{-1}. \tag{5,1}$$

Hierbei wird mit B_{st} der Rekombinationskoeffizient für die Übergänge mit Lumineszenzaussendung und mit B_{th} der für die ohne Ausstrahlung verlaufenden Übergänge bezeichnet; dann ist $B_{LA}^e = B_{st} + B_{th}$. ADIROWITSCH hat betont, daß er dabei die Möglichkeit voraussetzt, daß Elektronen auch ohne Ausstrahlung aus dem L-Band in leere Aktivatorterme übergehen können. Das widerspricht den üblichen Vorstellungen über die Aktivatoren. Wenn sich aber außer den Aktivatortermen noch Killerterme oberhalb des V-Bandes befinden, so wird ihr Einfluß auf das Abklingen in der von ADIROWITSCH angegebenen Weise erfaßt.

Wie bereits in Abschnitt 2 erwähnt worden ist, müssen nach SCHÖN[4]) die strahlungslosen Übergänge als Rekombinationen von Elektronen in den Haftstellen mit Defektelektronen im V-Band in die Reaktionskinetik eingeordnet werden. Für die Phosphoreszenz ergibt sich, wenn man quasistationäres Gleichgewicht voraussetzt:

$$\frac{N_H^0 F^*}{(n_L^e + F^*)^2} \frac{dn_L^e}{dt} = - B_{LA}^e \frac{N_H^0 (n_L^e)^2}{n_L^e + F^*} - B_{HV}^e \frac{N_H^0 n_L^e}{n_L^e + F^*} n_V^0. \tag{5,2}$$

Die Berechnung von n_V^0 ist bereits in Abschnitt 3d erfolgt. Es soll angenommen werden, daß $N_A^e = N_H^0$ und $(n_L^e)^2 + n_L^e F^* < N_H^0 F^*$ ist. Dann kann Gl. 3,24 in die Differentialgleichung 5,2 eingesetzt werden und man erhält:

$$\frac{N_H^0 F^*}{(n_L^e + F^*)^2} \frac{dn_L^e}{dt} = - B_{LA}^e \frac{N_H^0 (n_L^e)^2}{(n_L^e + F^*)} \left[1 + \frac{B_{HV}^e}{B_{LA}^e} \frac{\varphi^*}{F^*}\right]. \tag{5,3}$$

Es ergibt sich also wiederum das Abklinggesetz in Parameterform, das durch die Gln. 3,21 c und d wiedergegeben wird. Lediglich muß in G. 3,21 c B_{LA}^e durch $B_{LA}^e \left[1 + \frac{B_{HV}^e}{B_{LA}^e} \frac{\varphi^*}{F^*}\right]$ ersetzt werden. Das Abklingen erfolgt also beim Auftreten zusätzlicher strahlungsloser Übergänge erwartungsgemäß schneller.

Nach den Gln. 3,19 und 3,22 ist $\varphi^*/F^* = \exp\left[(E_L - E_H - E_A + E_V)/kT\right]$. Um einen Überblick darüber zu erhalten, welche Größenordnung der Rekombinationskoeffizient B_{HV}^e besitzen muß, damit die strahlungslosen Übergänge etwa ebenso häufig sind wie die mit der Lumineszenzausstrahlung verbundenen, soll angenommen werden, $(E_A - E_V - E_L + E_H)$ sei gleich 0,3 eV. Dann ist bei Zimmertemperatur $\varphi^*/F^* = 6{,}1 \cdot 10^{-6}$. Damit sich eine Quantenausbeute von 0,5 ergibt, muß bei $B_{LA}^e = 10^{-13}\,\mathrm{cm} \cdot \mathrm{sec}^{-1}$ (s. Abschnitt 3 a) $B_{HV}^e = 1{,}6 \cdot 10^{-8}\,\mathrm{cm}^3 \cdot \mathrm{sec}^{-1}$, also etwa 5 Zehnerpotenzen größer sein.[25])

[25]) SCHÖN (s. Fußnote 15) hat auf Grund der Messungen von NAIL, URBACH und PEARLMAN (s. Fußnote 26) die Größe von B_{HV}^e zu $10^{-11}\,\mathrm{cm}^3 \cdot \mathrm{sec}^{-1}$ abgeschätzt. BROSER und BROSER-WARMINSKY (s. Fußnote 8) haben zur Berechnung der Lumineszenzintensität in Abhängigkeit von der Anregungsdichte für B_{HV}^e den Wert $5 \cdot 10^{-3}\,\mathrm{cm}^3 \cdot \mathrm{sec}^{-1}$ verwendet; dieser Wert dürfte jedoch viel zu groß sein. Bei Zugrundelegung der geometrischen Querschnitte der Atome ergibt sich ein Rekombinationskoeffizient der Größe $10^{-8}\,\mathrm{cm}^3 \cdot \mathrm{sec}^{-1}$ (vgl. Abschnitt 3 a). Nach SCHÖN soll B_{LH}^e von dieser Größenordnung sein. Es sei in diesem Zusammenhang darauf hingewiesen, daß dann tatsächlich γ sehr groß ($\sim 10^5$) ist, wenn angenommen wird, daß $B_{LA}^e \approx 10^{13}\,\mathrm{cm}^3 \cdot \mathrm{sec}^{-1}$ ist. Ein sehr großes γ ist aber, wie gezeigt worden ist, die Voraussetzung für das Vorhandensein des quasistationären Gleichgewichts. Im Gegensatz zu den Angaben von SCHÖN haben BÖER

Es soll jetzt vorausgesetzt werden, daß N_A^e (wenigstens etwa um einen Faktor 2) größer als N_H^0 ist. Dann fällt die in Abschnitt 3 d diskutierte Bedingung $(n_L^e)^2 + n_L^e F^* < N_H^0 F^*$ weg. Für das Phosphoreszenzabklingen, für das ja die dieser Bedingung ähnliche Ungleichung $(n_L^e + F^*)^2 \ll N_H^0 F^*$ charakteristisch ist, erhält man schließlich aus den Gln. 5,2 und 3,23:

$$\frac{N_H^0 F^*}{(n_L^e + F^*)^2} \frac{dn_L^e}{dt} = - B_{LA}^e \frac{N_H^0 (n_L^e)^2}{(n_L^e + F^*)} \left[1 + \frac{B_{HV}^e}{B_{LA}^e} \frac{N_H^0 \varphi^*}{(N_A^e - N_H^0) n_L^e + N_A^e F^*}\right]. \qquad (5,4)$$

Die Differentialgleichung läßt sich ohne Schwierigkeiten integrieren, wobei man jedoch ein verhältnismäßig unübersichtliches Ergebnis erhält. Deshalb soll zunächst der Abschnitt der Phosphoreszenz betrachtet werden, in dem $n_L^e \gg F^*$ ist. Dann ergibt sich:

$$\ln \frac{(N_A^e - N_H^0)(n_L^e)_0 + \beta}{(N_A^e - N_H^0) n_L^e + \beta} - \ln \frac{(n_L^e)_0}{n_L^e} + \frac{\beta}{(N_A^e - N_H^0)} \left[\frac{1}{n_L^e} - \frac{1}{(n_L^e)_0}\right] = \frac{\beta^2}{(N_A^e - N_H^0)^2} \frac{B_{LA}^e}{F^*} t \qquad (5,5)$$

mit

$$\beta = \frac{B_{HV}^e}{B_{LA}^e} N_H^0 \varphi^* .$$

Für $\beta \ll (N_A^e - N_H^0) n_L^e$, also bei geringen Verlusten durch strahlungslose Übergänge, ergibt sich $I \sim t^{-1/2}$. Diese Abhängigkeit wurde bereits erörtert. Dagegen erhält man für $\beta \gg (N_A^e - N_H^0) n_L^e$, also beim Vorherrschen der strahlungslosen Übergänge, $I \sim t^{-1}$. Dieses Ergebnis stimmt mit dem von SCHÖN[15]) erhaltenen überein. Schließlich läßt sich noch der Fall $F^* \gg n_L^e$ betrachten, der einer weitgehenden Erschöpfung des Elektronenvorrats in den Haftstellen entspricht. Dann erhält man ähnlich wie auf Grund der Gl. 5,3 keinen Unterschied mehr, je nachdem, ob die Übergänge mit einer Emission oder die ohne Lumineszenzausstrahlung überwiegen; stets ist $I \sim t^{-2}$.

Es soll noch darauf hingewiesen werden, daß beim Auftreten strahlungsloser Übergänge sich nur ein quasistationäres Gleichgewicht einstellen kann, wenn die Bedingung $B_{HV}^e n_V^0 \ll M_{HL}^e$ erfüllt ist, wie sich aus der Ableitung von Gl. 4,4 bzw. 3,17 a durch BROSER und BROSER-WARMINSKY[8]) ersehen läßt. Das ist ohne weiteres einleuchtend, denn ebenso wie ständig nur eine verhältnismäßig kleine Zahl der Elektronen des L-Bandes in die Aktivatorterme abfließen kann, ohne daß das quasistationäre Gleichgewicht gestört wird, so darf auch nur eine geringe Zahl von Elektronen aus den Hafttermen direkt ins V-Band übergehen.

Die bisherigen Betrachtungen des Einflusses der strahlungslosen Übergänge auf das Lumineszenzabklingen haben sich darauf bezogen, daß nur ein Haftstellen- und ein Aktivatorniveau vorhanden ist. Sie lassen sich selbstverständlich auch auf eine homogene und eine exponentielle Hafttermverteilung ausdehnen. Hiervon soll jedoch abgesehen werden; denn die Experimente sprechen dafür, daß tatsächlich zwar noch kompliziertere Hafttermverteilungen vorliegen (s. z. B.[9]) [10])), daß aber die lange andauernde Phosphoreszenz im Zusammenhang mit verhältnismäßig tiefliegenden Haftstellenniveaus steht.

Es sei noch erwähnt, daß BROSER und BROSER-WARMINSKY[8]) [9]) eine Methode angegeben haben, nach der es möglich ist, ein Bild der Hafttermverteilung aus Lumineszenzabklingkurven zu gewinnen. Dabei ist aber noch die gleichzeitige Messung des Abklingens der Photoleitung notwendig, damit bei bekannter Beweglichkeit $n_L^e = n_L^e(t)$ ermittelt werden kann; außerdem wird die Abhängigkeit der Quantenausbeute von der Anregungsdichte für die Berechnungen benötigt.

---

und VOGEL (s. Fußnote 27) aus ihren Meßergebnissen zum Anklingen der Photoleitung in CdS-Einkristallen für B_{LH}^e den sehr kleinen Wert 10^{-13} cm^3 · sec^{-1} berechnet, der nach ihren Darlegungen noch bedeutend größer als B_{LA}^e sein soll (s. hierzu Abschnitt 3 a).

[26]) R. R. NAIL, F. URBACH und D. PAERLMAN, J. Opt. Soc. Amer. 39, 690 (1949).

[27]) K. W. BÖER und H. VOGEL, Ann. Physik (6) 17, 10 (1955).

6. Zusammenfassung und Folgerungen

Bei den Luminophoren vom ZnS-Typ läßt sich das Lumineszenzabklingen in das temperaturunabhängige spontane Nachleuchten, ein Übergangsgebiet und die stark temperaturabhängige Phosphoreszenz unterteilen. In diesem Abschnitt wird es wesentlich durch die thermische Befreiung der Elektronen aus den Haftstellen bestimmt; es hängt also in starkem Maße von der Lage der Haftterme und, wie bereits erwähnt, von der Temperatur ab. Wichtig ist außerdem das Verhältnis γ der Querschnitte für den Einfang der im L-Band befindlichen Elektronen durch die Haftstellen und durch die Aktivatoren. Bei einem Haftstellenniveau tritt, wie Adirowitsch[2]) gezeigt hat, innerhalb der Phosphoreszenz ein sich etwa über 2 Größenordnungen von t erstreckendes hyperbolisches Abklingen auf, wobei der näherungsweise konstante und von γ abhängende Exponent α Werte zwischen 0,5 und 2,5 annehmen kann; bei einer weitgehenden Entleerung der Haftstellen gehen dann stets die Abklingkurven in eine Hyperbel 2. Grades über. Die Voraussetzung, daß kein „retrapping" stattfindet ($\gamma = 0$), liegt den Berechnungen von Randall und Wilkins[23]) zugrunde. Wenn davon ausgegangen wird, daß quasistationäres Gleichgewicht zwischen den Elektronen im L-Band und denen in den Haftstellen herrscht, so ist damit — jedenfalls für die Phosphoreszenz — die Voraussetzung verbunden, daß γ sehr groß sein muß (sehr häufiges „retrapping"). Unter solchen speziellen Annahmen bezüglich γ läßt sich das gesamte Lumineszenzabklingen bei einem Haftstellenniveau und das Phosphoreszenzabklingen bei einer homogenen oder exponentiellen Hafttermverteilung berechnen. Auch in diesen Fällen kann das Phosphoreszenzabklingen hyperbolisch mit Exponenten von 1 bis 2 verlaufen. Wenn Übergänge ohne Lumineszenzausstrahlung auftreten, so wird dadurch nicht nur die Lumineszenzausbeute herabgesetzt, sondern es kann auch unter gewissen Bedingungen die Form des Abklingverlaufs verändert werden.

Bei Zugrundelegung des Riehl-Schönschen Modells ergeben sich also unter gewissen Annahmen über die Größe von n_L^e gegenüber n_H^e, $\frac{dn_L^e}{dt}$ gegenüber $\frac{dn_H^e}{dt}$, N_H^0 gegenüber N_A^e, den Wert von γ, die Hafttermverteilung, die Häufigkeit strahlungsloser Übergänge und ihre Einbeziehung in die Reaktionskinetik verschiedene Formen des Lumineszenzabklingens. Die vorangegangenen Darlegungen dürften aber — wenigstens teilweise — auch für andere Sulfidphosphore als die vom ZnS-Typ Gültigkeit besitzen. — Es stehen einer eindeutigen Interpretation der experimentell erhaltenen Kurven jedoch gewisse Schwierigkeiten im Wege, da sich teilweise bei unterschiedlichen Voraussetzungen ähnliche Gesetzmäßigkeiten ergeben; so tritt beispielsweise sowohl beim spontanen Nachleuchten als auch bei der Phosphoreszenz die Relation $I \sim (1 + Ct)^{-2}$ auf (Gln. 3,4 b und 3,9) und sowohl bei einem Haftstellenniveau als auch bei einer exponentiellen Haftstellenverteilung kann der Exponent des hyperbolischen Abklinggesetzes zwischen 1 und 2 liegen (Gln. 3,10 und 4,3 u. 4,6). Doch bietet bereits die Abhängigkeit des Abklingens von der Temperatur und der Anfangsintensität die Möglichkeit für Unterscheidungen. Wenn außer den Abklingkurven auch die Anklingkurven vorliegen, so werden dadurch klare Entscheidungen erleichtert; denn in beiden Fällen müssen die auf Grund derselben Annahmen (z. B. über die Größe der Reaktionskoeffizienten) gewonnenen theoretischen Kurven mit den experimentellen übereinstimmen. Wünschenswert ist außerdem, daß die Abhängigkeit der Quantenausbeute von der Anregungsdichte — wenigstens ungefähr — für den betreffenden Luminophor bekannt ist; denn dann können die strahlunglosen Übergänge dementsprechend bei den Berechnungen berücksichtigt werden. Bei der erwähnten Methode von Broser und Broser-Warminsky[8])[9]) zur Ermittlung der Hafttermverteilung muß außerdem noch das Abklingen der Photoleitung untersucht werden. Schließlich sollten zur Bestätigung von Aussagen, die auf Grund von Abklingmessungen über die Lage und Konzentration der Haftterme gemacht werden, noch Thermolumineszenzuntersuchungen herangezogen werden.